SITZUNGSBERICHTE DER DEUTSCHEN AKADEMIE
DER WISSENSCHAFTEN ZU BERLIN

Klasse für Bergbau, Hüttenwesen und Montangeologie

Jahrgang 1963, Nr. 4

HELMUT HÄRTIG

WESEN UND BEDEUTUNG DES TAGEBAUES, SEIN STAND UND SEINE ENTWICKLUNG

Mit 5 Abbildungen im Text und 10 Tabellen

AKADEMIE-VERLAG · BERLIN

1963

Vortrag gehalten von Hrn. HÄRTIG in der Sitzung des Plenums
der Deutschen Akademie der Wissenschaften zu Berlin vom 21. 2. 1963
Zum Druck genehmigt am gleichen Tage, ausgegeben am 12. 8. 1963

Erschienen im Akademie-Verlag GmbH, Berlin W 8, Leipziger Straße 3–4

Lizenznummer: 202 · 100/453/63
Gesamtherstellung: Druckhaus „Maxim Gorki“, Altenburg
Bestellnummer: 2010/63/III/4, ES 20 F 1, 20 F 2, Preis: DM 4,40

Wesen und Bedeutung des Tagebaues, sein Stand und seine Entwicklung

von

HELMUT HÄRTIG

In unserer Zeit, in der fast unvorstellbare wissenschaftlich-technische Leistungen vollbracht werden und kühne Kosmonauten das Weltall zu erobern beginnen, verblassen leicht die Dinge und Vorgänge, die den Alltag der Völker ausmachen, und u. U. besteht auch die Gefahr, daß der richtige Maßstab für die Beurteilung menschlicher Leistungen auf anderen Gebieten etwas verlorengeht. Es erscheint deshalb gerechtfertigt, die Aufmerksamkeit auf eine Entwicklung zu lenken, die sich — von der Allgemeinheit wohl kaum genügend beachtet — im Bereiche des Bergbaues vollzieht, und zwar sollen sich die Ausführungen mit dem Tagebau befassen, dessen Vordringen dem Bergbau ein neues Gepräge gibt und der besonders für uns in der Deutschen Demokratischen Republik eine ausschlaggebende Bedeutung erlangt hat, ohne daß sich viele darüber im klaren sind, was Tagebau überhaupt ist und welche Stellung er einnimmt.

Der Tagebau ist der älteste Bergbauzweig, denn der Tagebau setzte zunächst dort ein, wo nutzbare Lagerstätten zutage traten oder doch wenigstens sehr nahe an die Erdoberfläche heranreichten. Abgesehen von der relativen Seltenheit solcher Vorkommen geriet der Tagebau mangels geeigneter technischer Hilfsmittel in Wachstumsschwierigkeiten, so daß er bald von dem anderen Bergbauzweig, dem Tiefbau, überflügelt wurde, der lange Jahrhunderte hindurch seine Vorrangstellung unbestritten behaupten konnte. Erst unserem Jahrhundert blieb es dank der stürmischen Entwicklung der Technik vorbehalten, auf dem Gebiete des Bergbaues einen grundsätzlichen Wandel herbeizuführen. Gegenwärtig steht der Tagebau bereits ebenbürtig neben dem Tiefbau, und es ist nur noch eine Frage kurzer Zeit, daß der Tagebau — wenn auch auf beschränkte Dauer — in der gesamten bergbaulichen Gewinnung klar und eindeutig die erste Stelle einnehmen wird. Es dürfte schon heute kaum noch Bodenschätze geben, die nicht im Tagebau gewonnen werden, handle es sich um Kohlen und Erze oder um die verschiedenen Steine und Erden.

Ein langer Entwicklungsweg war zurückzulegen von den ersten Anfängen des Bergbaues bis zu den heutigen großen und teilweise schon sehr tiefen

Tagebauen jeder Art. Das veranschaulichen die nachstehenden drei Abbildungen.

Abbildung 1 stellt ein jungsteinzeitliches Hornsteinbergwerk in Mauer bei Wien dar, dessen Alter auf 4500 Jahre geschätzt wird und über das soeben eine Veröffentlichung von Kirnbauer erschienen ist. Im Tagebau wurde dort eine Tiefe von 2,5 m und im Tiefbau eine solche bis 12 m erreicht, wobei man bedenken muß, daß den damaligen Bergleuten nur sehr primitive Werkzeuge zur Verfügung standen [28].

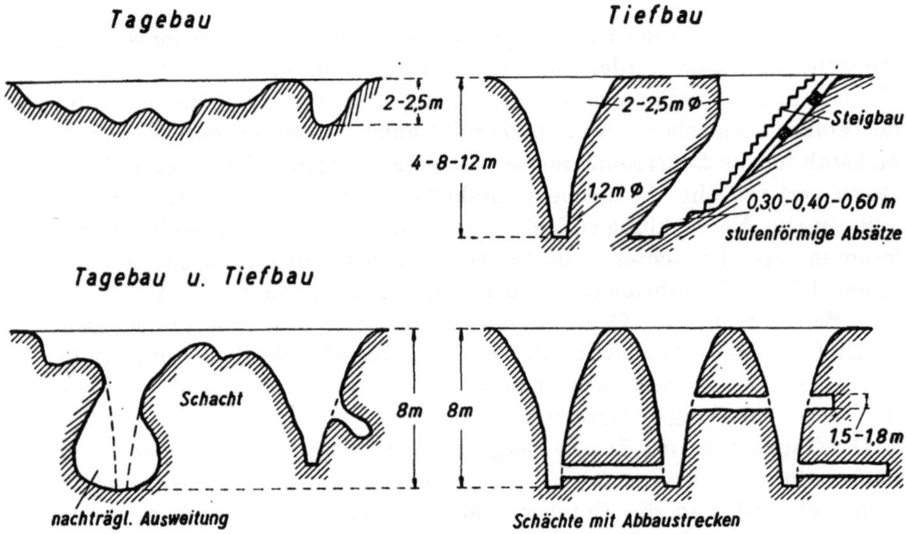

Abb. 1 Abbauverfahren der neolithischen Bergleute (jungsteinzeitliches Hornsteinbergwerk), Mauer bei Wien; nach Kirnbauer

Zum Vergleich sind auf den Abbildungen 2 und 3 die Prinzipskizzen von je einem Braunkohlen- und einem Erz-Großtagebau wiedergegeben.

An dieser Stelle genüge zunächst der generelle Hinweis, daß in solchen Tagebauen unter Anwendung der modernen Technik gewaltige Massen bewegt werden müssen und stellenweise bereits Teufen von mehreren hundert Metern zu verzeichnen sind.

Es erhebt sich nun die grundsätzliche Frage, wodurch sich denn der Tagebau vom Tiefbau unterscheidet und welches die besonderen Merkmale des Tagebaues sind.

Beim Tiefbau erfolgt der Aufschluß vorwiegend so, daß die Lagerstätte durch Schächte oder Stollen angefahren wird, und der untertägige Bergbau geht vorwiegend in der zu gewinnenden Lagerstätte selbst um. Die Möglichkeiten der Mechanisierung sind beschränkt, und zwar wegen der beengten Raumverhältnisse und noch anderer Erschwernisse des untertägigen Betriebes. Infolge eines relativ hohen Anteiles an manueller Arbeit ist die Arbeitsproduktivität gering und meist nur langsam zu steigern.

Anders liegen die Verhältnisse beim Tagebau, der dadurch gekennzeichnet ist, daß die über der Lagerstätte anstehenden Deckgebirgsschichten

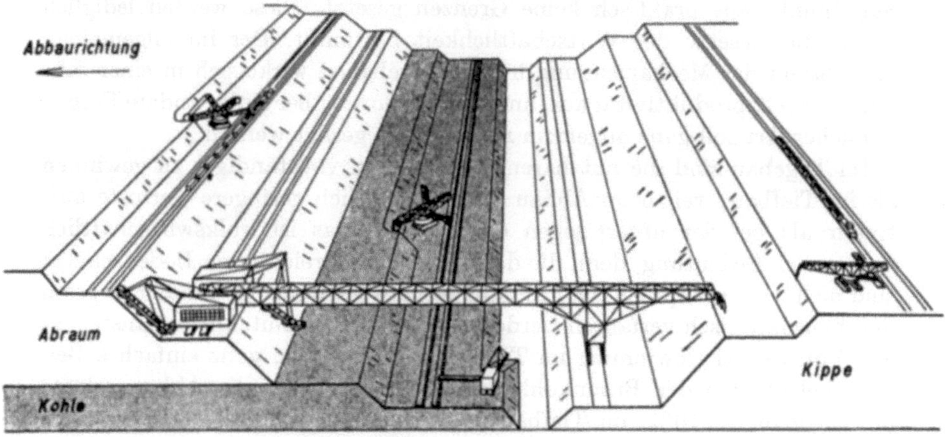

Abb. 2. Braunkohlen-Tagebau (Ausschnitt)

Abb. 3. Erz-Tagebau (Ausschnitt)

beim Aufschluß und im Normalbetrieb abgetragen werden und danach die Gewinnung des so freigelegten nutzbaren Minerals in einer offenen Baugrube erfolgt. (Für die wenigen Ausnahmefälle, in denen solche überlagernden Schichten nicht vorhanden sind und deshalb nicht abgeräumt zu werden brauchen, gilt nur der zweite Teil vorstehender Definition.) Unter den im Tagebau gegebenen Verhältnissen sind der Mechanisierung vom technischen Standpunkt aus praktisch keine Grenzen gesetzt. Diese werden lediglich durch die Gesetze der Wirtschaftlichkeit bestimmt. Der im allgemeinen hohe Stand der Mechanisierung in den Tagebauen wirkt sich in einer sehr guten Arbeitsproduktivität aus, und darüber sowie über einige andere Fragen ähnlicher Art soll ganz allgemein noch einiges gesagt werden.

Im Tagebau sind die nutzbaren Lagerstätten vollständiger zu gewinnen als im Tiefbau, weil beim Abbau meist wesentlich geringere Verluste auftreten als bei der untertägigen Gewinnung. Das ist volkswirtschaftlich von großer Bedeutung, denn die dem Menschen erreichbaren Bodenschätze sind nicht unerschöpflich, und es muß deshalb bei ihrer Gewinnung sorgsam und haushälterisch verfahren werden. Die bessere Ausnutzung der anstehenden Vorräte bei Gewinnung im Tagebau sei durch ein ganz einfaches Beispiel belegt! Bei der Braunkohlengewinnung betragen die Abbauverluste im Tagebau rd. 10%, im Tiefbau dagegen mindestens 40%. Demzufolge kann man aus einem Feld mit 100 M t Inhalt im Tiefbau nur 60 M t, im Tagebau dagegen 90 M t Kohle gewinnen, also 50% mehr als beim untertägigen Abbau. Besonders notwendig sind solche Überlegungen auch hinsichtlich kleinerer, volkswirtschaftlich wichtiger Spezialvorkommen, z. B. von hochwertigen Tonen, deren Vorräte gerade bei uns in der DDR nach dem gegenwärtigen Stand der Erkundung nur gering sind und deshalb durch Anwendung eines zweckmäßigen Verfahrens möglichst verlustlos gewonnen werden müssen.

Bei einem grundsätzlichen Vergleich zwischen Tiefbau und Tagebau zeigt sich der entscheidendste Unterschied in der Arbeitsproduktivität, die zusammen mit einigen anderen wichtigen Kennwerten auf Tabelle 1 ausgewiesen ist, und zwar getrennt für Kohlen- und Erztagebaue. Angegeben ist jeweils nur das Verhältnis der Tagebau-Kennwerte zu denen des Tiefbaues. Die aufgeführten Grenzwerte liegen z. T. weit auseinander, wie das auch nicht anders sein kann, da die Ablagerungs- und Betriebsverhältnisse, insbesondere die Technologie, die Betriebsgröße usw., sehr unterschiedlich sind.

Im einzelnen geht aus diesen Zahlen folgendes hervor:

Die Arbeitsproduktivität im Tagebau beträgt das Zwei- bis Achtfache gegenüber der im Tiefbau. In den deutschen Braunkohlentagebauen ist die

Tabelle 1. Prozentuales Verhältnis einiger Kenngrößen des Tagebaues zu den entsprechenden Tiefbauwerten

Kenngrößen	Kohlentagebau	Erztagebau
	% gegenüber den Tiefbauwerten	
Arbeitsproduktivität		
a) im ganzen	200–800	200–500
b) im besonderen		
Deutschland[1])	800	
Sowjetunion[2])	650	
(Ostsibirien)	(500–800)	
Selbstkosten je t		
a) im ganzen	20–45	35–65
b) im besonderen		
DDR[3])	20	
Sowjetunion[3])	20–30	
USA[4])		35
Investkosten je t Jahresförderung		
a) im ganzen	20–60	55[5])

[1]) Durchschnitt aller Braunkohlentagebaue
[2]) Durchschnitt aller Kohlentagebaue (Braun- und Steinkohle im Verhältnis 2:1)
[3]) Gesamtdurchschnitt
[4]) Einzelwert
[5]) Einzelwert

Arbeitsproduktivität sowohl in der DDR als auch in Westdeutschland etwa achtmal so hoch wie bei untertägiger Gewinnung [1]. Für die UdSSR teilt Melnikow 1961 mit, daß die Arbeitsproduktivität sämtlicher Kohlentagebaue 6,5mal so hoch ist wie im Tiefbau [37]. Dabei ist allerdings zu berücksichtigen, daß 30% dieser Tagebaue auf Steinkohle umgehen, wodurch der Durchschnittswert etwas herabgedrückt wird. Interessant ist des weiteren eine Veröffentlichung von Tschedrin, wonach unter den besonders günstigen Verhältnissen des ostsibirischen Kohlentagebaues die 5- bis 8,5fache Arbeitsproduktivität gegenüber dem Tiefbau erreicht bzw. erwartet wird [51]. Im übrigen weist eine in Einzelfällen nur doppelte oder dreifache Arbeitsproduktivität, die ja immer noch sehr hoch einzuschätzen ist, darauf hin, daß die Kohle unter besonders schwierigen Verhältnissen gewonnen werden mußte.

Einer hohen Arbeitsproduktivität entsprechen fast immer niedrige Selbstkosten. Aus Tabelle 1 ist zu ersehen, daß diese nur 20—45% der Tiefbaukosten betragen. Für die Braunkohlentagebaue der DDR liegt dieser Wert bei 20% und für die Kohlentagebaue der UdSSR bei 20—25%.

Aufschlußreich ist in diesem Zusammenhang schließlich noch der spezifische Investkostenaufwand, d. h. der Aufwand an Investitionen je Tonne Jahresförderung. Trotz des für den Aufschluß und die starke Mechanisierung der Tagebaue absolut sehr hohen Kapitalbedarfs beträgt der spezifische Investaufwand (Tab. 1) nur 20—60% gegenüber Schachtanlagen, was in erster Linie daraus zu erklären ist, daß die durchschnittliche Betriebsgröße der Tagebaue ein hohes Vielfaches von der der Tiefbaugruben beträgt.

Was den Erztagebau anbelangt, so lassen die dafür angegebenen Kennwerte dieselbe günstige Tendenz wie bei den Kohlentagebauen erkennen, wenn sie auch im Durchschnitt etwas niedriger liegen.

Die höhere Arbeitsproduktivität und die niedrigeren Selbstkosten bei der Gewinnung im Tagebau sind um so höher zu werten, als in diese Kenngrößen der gegenüber dem Tiefbau zusätzliche Aufwand für die Bewegung der lockeren oder felsigen Abraummassen mit eingeht. Trotzdem kann man bei dem Erreichten keinesfalls stehenbleiben, denn die für die Freilegung des nutzbaren Minerals erforderliche Abraumbewegung wird infolge der Verschlechterung der Ablagerungsverhältnisse und des damit verbundenen Vordringens in die Tiefe relativ und absolut immer größer. In dem Maße, wie die je Tonne nutzbaren Minerals anfallende Abraummenge wächst, muß die Arbeitsproduktivität im Abraum so gesteigert und müssen die Selbstkosten je m³ Abraum so gesenkt werden, daß ein möglichst weitgehender Ausgleich gegen die Auswirkungen der immer ungünstiger werdenden Überlagerungsverhältnisse erzielt wird. Eine Möglichkeit dafür besteht einerseits in der Rekonstruktion älterer Betriebe und andererseits in der Anwendung der jeweils geeignetsten und modernsten Technik auf höchster Organisationsebene für neue Tagebaue. Ganz besonders günstig aber wird sich in diesem Sinne die Konzentration der Gewinnung in relativ wenigen, dafür aber sehr großen Tagebauen auswirken. Im ganzen betrachtet, ist die Abkehr von kleinen und mittleren Betrieben zugunsten der Entwicklung von Groß- und Größtbetrieben, einem allgemeinen Gesetz folgend, eine wirtschaftliche Notwendigkeit. Da im übrigen die in einem Tagebau zu bewegenden Massen mit zunehmender Teufe progressiv anwachsen, müssen gerade Tieftagebaue für größte Förderungen ausgelegt werden, wenn sie rentabel arbeiten sollen. Ganz abgesehen davon, daß die durchschnittliche Betriebsgröße der Tagebaue in allen Ländern planmäßig ansteigt, gibt es schon beim heutigen Stand ganz gewaltige Tagebaue, und in der Perspektive werden dazu noch weitere und noch größere kommen, wie das an einigen Beispielen in den folgenden Tabellen zu erkennen ist.

Die größte Massenbewegung (Tab. 2) weist gegenwärtig der Braunkohlentagebau „Fortuna" mit einer Förderung von 21 M t/a und einer Abraumbewegung von 50 M m^3 = 100 M t/a, insgesamt also von 121 M t Massen im Jahr, auf. Ihm folgt in einigem Abstand der Braunkohlentagebau „Glückauf" mit einer jährlichen Massenbewegung von 86 M t. In der Perspektive wird der in Entwicklung befindliche Tagebau Welzow-Süd hinsichtlich der Gesamtmassenbewegung der weitaus größte Tagebau der Welt sein.

Tabelle 2. Jahresleistungen großer Kohlentagebaue

Betrieb	Land	Jahr	Jahresleistung in Millionen t		
			Förderung	Abraum	Gesamt
Bkw. Fortuna	Westdeutschland	1961	21	100	121
		Persp.	25	120	145
Bkw. Mücheln	DDR	1960	19	40	59
		Persp.	15	47	62
Bkw. Glückauf	DDR	1962	17	69	86
		Persp.	17	80	97
Bkw. Espenhain	DDR	1962	13	64	77
		Persp.	20	128	148
Bkw. Welzow-Süd	DDR	i. Entw.	—	—	—
		Persp.	23	232	255
Bkw. Turow II	Polen	Persp.	12	120	132
Bkw. Irscha-Borodino	SU	i. Entw.	—	—	—
		Persp.	23		
Stkw. Fushun[2])	China	1956	~4	~42[3])	~46

[1]) Wegen der Vergleichbarkeit mit Erztagebauen ist hier die Abraumbewegung von m^3 auf t umgerechnet (1 m^3 = 2 t)

[2]) Nach Angaben verschiedener Quellen geschätzt

[3]) Einschließlich 12 M t Ölschiefer

Der größte Erztagebau (Tab. 3) dürfte gegenwärtig die Utah Copper Mine, Bingham, mit einer jährlichen Kupfererz-Förderung von 25 M t und einer Gesamthaufwerksgewinnung von 63 M t sein, gefolgt vom Kupfererz-Tagebau Chuquicamata in Chile mit einer Förderung von 18 M t/a. Es wird aber nicht lange dauern, dann sind auch die sowjetischen Erz-Großtagebaue zu voller Größe entwickelt, und der Eisenerztagebau Sarbai z. B. wird jährlich insgesamt 54 M t Massen zu bewegen haben [54]. Einen fast gleichgroßen übrigens über 200 m tiefen Erztagebau werden wir dann auch in der DDR haben, was insofern bemerkenswert ist, als sich auf unserem Gebiet bisher nur wenige und kleine Erztagebaue befinden.

Tabelle 3. Jahresleistungen großer Erztagebaue (auch Kalksteinbrüche)

			Jahresleistung in Millionen t		
			Förderung	Abraum	Gesamt
Kupfererztagebau					
Bingham	USA	1955	25	38	63
Chuquicamata	Chile	1955	18	15	33
Kounrad	SU	i. Entw.	—	—	—
		Persp.		35	
Eisenerztagebau					
Großbetriebe im Rev. Mesabi Range	USA	1955	6		
Kowdor	SU	i. Entw.	—	—	—
		Persp.	6	14	20
Sokolowo	SU	i. Entw.	—	—	—
		Persp.	5	28	33
Sarbai	SU	i. Entw.	—	—	—
		Persp. 1	10	44	54
		Persp. 2	15	53	68
Erz-Tieftagebau	DDR	i. Entw.	—	—	—
		Persp.	—	—	50
Kalksteinbrüche					
Wülfrath	Westdeutschland		7,5		

Der Vollständigkeit halber ist auch noch der größte europäische Kalksteinbruch Wülfrath angegeben, in dem jährlich 7,5 M t Kalkstein gewonnen werden. Das ist für einen Betrieb der Steine- und Erden-Industrie eine außerordentlich hohe Leistung, und die Abmessungen so großer Kalksteinbrüche und ihre technischen Einrichtungen entsprechen durchaus denen großer Erztagebaue.

Die genannten Förderleistungen bis 800 t je Tag bzw. die Massenbewegungen bis 800000 t je Tag der als Beispiele herausgegriffenen Großbetriebe sind gewiß imponierend, aber es darf darüber doch nicht vergessen werden, daß es zum gegenwärtigen Zeitpunkt noch sehr viele mittlere und kleine Tagebaubetriebe gibt. Da sind zunächst die nach Tausenden zählenden Gewinnungsbetriebe der Steine- und Erden-Industrie, von denen auch in Deutschland Hunderte vorhanden sind. Die meisten davon sind Klein- und Kleinstbetriebe und haben auf der Basis eines oft nur beschränkten Vorkommens bei geringem Bedarf der örtlichen Verbraucher lediglich lokale Bedeutung. Häufig sind solche Betriebe unzureichend mechanisiert, weil bei den kleinen Förderleistungen nur sehr bescheidene Mittel investiert werden können, und infolgedessen ist besonders in den Kleinbetrieben die Arbeitsproduktivität sehr unbefriedigend. Es werden also verhältnismäßig viele Arbeitskräfte gebunden. Natürlich finden sich daneben schon zahlreiche modern eingerichtete Mittel- und Großbetriebe, und der Weg der Entwicklung führt auch hier zwangsläufig zu einer stärkeren Konzentration der Gewinnung in größeren und gut mechanisierten Betriebseinheiten.

Auch unter den Erztagebauen gibt es neben den modernen Großanlagen noch viele kleine und mittlere Betriebe, zum Teil bestimmt durch die begrenzten Vorräte solcher Vorkommen oder auch durch die besonderen Ablagerungsverhältnisse. So erfolgt z. B. die Zinngewinnung in Malaya zu 95% auf Seifen, auf denen im allgemeinen die Voraussetzungen für die Entwicklung von Großbetrieben nicht gegeben sind. 1952 wurden dort von 565 hydraulischen Anlagen 87 M m^3 Fördergut gewonnen, was einer durchschnittlichen Leistung von nur 154000 m^3 je Anlage und Jahr entspricht [15]. Auch auf anderen Erzlagerstätten gehen durchaus noch zahlreiche Kleinbetriebe um, wobei man u. a. nur an unsere Erztagebaue bei Badeleben, Saalfeld und St. Egidien zu denken braucht. Die grundsätzliche Entwicklung zu größeren Betriebseinheiten setzt sich aber auch im Erztagebau durch und wird noch dadurch begünstigt, daß selbst arme Erze, von denen stellenweise ganz gewaltige Vorräte vorhanden sind, im Tagebauverfahren billig genug gewonnen und durch eine entsprechende Aufbereitung zu hochwertigen Konzentraten verarbeitet werden können.

Was den Steinkohlentagebau anbelangt, so gibt es dort bisher nur ganz vereinzelte Großbetriebe, dafür aber — bedingt durch die speziellen Ablagerungsverhältnisse — sehr viele Klein- und Kleinstbetriebe. In den USA geht es dabei vorwiegend um die Gewinnung von 1—1,5 m mächtigen Steinkohlenflözen, die in sehr geringer Tiefe abgelagert sind. Die Abraumdecke, die meist aus Felsgestein besteht, weist im allgemeinen eine Mächtigkeit von nur 15—25 m auf. In den USA beträgt die Zahl der Kohlentagebaue nicht weniger als 1650, wobei es sich in der überwiegenden Mehrheit um Klein- und Kleinstbetriebe mit einer durchschnittlichen Tagesförderung von nur einigen Hundert Tonnen handelt [8]. Große Tagesförderungen dagegen sind seltene Ausnahmen. Die Gewinnung in den Kleinbetrieben erfolgt vorwiegend mit Schürfkübel- und Löffelbaggern, und zwar sehr einfach und billig. Zum Teil haben diese kleinen Tagebaubetriebe die besondere Funktion, in Zeiten hoher Konjunktur die Spitzenförderung zu übernehmen. Obwohl in den USA besonders günstige Tiefbauverhältnisse vorliegen und deshalb die Kohle auch im Tiefbau bei guter Arbeitsproduktivität billig gewonnen werden kann, stellt sich die Gewinnung der Steinkohle aus den Tagebauen im allgemeinen doch noch günstiger. Um die Gewinnungskosten im Tagebau aber noch mehr zu senken, führt hier die Entwicklung zu größeren Betriebseinheiten. Durch den Einsatz größerer Gewinnungsgeräte ist es möglich, noch etwas weiter nach der Tiefe vorzudringen, mehr Kohle freizulegen und dadurch die Förderleistung einzelner Betriebe zu steigern.

Auch in der Sowjetunion sind schon in vielen Revieren Steinkohlentagebaue vorhanden, am meisten im Ural und dann auch im Kusnezker Becken. Obwohl die Durchschnittsgröße dieser Tagebaue wesentlich höher liegt als in den USA, handelt es sich auch hier hauptsächlich um relativ kleine Betriebe. Im Kusnezker Becken z. B. gibt es bisher allenfalls drei Tagebaue, die man als große Betriebe bezeichnen kann, während alle übrigen Tagebaue dieser Art Kleinbetriebe sind [48]. Dieser Zustand erklärt sich aus der Entwicklung in der Sowjetunion. Zunächst kam es dort darauf an, sehr schnell die Kohlenförderung zu steigern, um entsprechend auch die übrige Industrie entwickeln zu können. Jetzt besteht die vordringlichste Aufgabe darin, die vorwiegend nach dem transportlosen oder hydraulischen Gewinnungsverfahren arbeitenden kleinen Tagebaue auf Großbetriebe umzustellen, worauf von den sowjetischen Fachleuten mit Nachdruck hingewiesen wird [48, 3]. Da diese Tagebaue größtenteils nach der Tiefe hin entwickelt werden müssen, ist die geplante Umstellung meist auch mit der Einführung anderer Technologien verbunden.

Wesentlich anders liegen die Verhältnisse im Braunkohlentagebau. Im Jahre 1961 wurden in der Welt 660 M t Braunkohle gefördert, die zu 90% aus Tagebauen stammten. Deutschland ist an der Weltförderung mit rd. 50% beteiligt, und zwar entfallen 237 M t, die zu 99,5% in Tagebauen gewonnen werden, auf die DDR und 97 M t – zu 98% aus Tagebauen gefördert – auf Westdeutschland. In Deutschland werden am längsten und umfangreichsten Braunkohlentagebaue betrieben.

Die Angaben in Tabelle 4 lassen erkennen, daß die planmäßige Entwicklung zum Großbetrieb im Braunkohlenbergbau wohl am weitesten fortgeschritten ist, wenn sie auch immer noch nicht als abgeschlossen anzusehen ist. In der DDR hat sich die durchschnittliche Betriebsgröße von 1,3 M t/a im Jahre 1935 auf 5 M t/a im Jahre 1961 gesteigert und wird bis

1970 noch auf 7 M t/a anwachsen. Dabei ist eine Verringerung der Anzahl solcher Betriebe für die entsprechenden Jahre von 64 auf 48 bzw. auf 43 zu verzeichnen. Noch stärker kommt das Anwachsen der durchschnittlichen Betriebsgröße bei unseren Abraumbetrieben zum Ausdruck.

Tabelle 4. Entwicklung der Anzahl und Durchschnittsgröße von Braunkohlentagebauen

Kohlenförderung

Jahr	DDR		Westdeutschland		SU		ČSSR	
	Anzahl der Grubenbetr.	M t je Betrieb u. Jahr	Anzahl der Grubenbetr.	M t je Betrieb u. Jahr	Anzahl der Grubenbetr.	M t je Betrieb u. Jahr	Anzahl der Grubenbetr.	M t je Betrieb u. Jahr
1935	64[1]	1,3						
1957	55	3,8	26	3,6	34	1,8	22	1,6
1961	48	5,0						
1965	44	6,0			48	2,8		
1970	43	7,0					20	3,8[2]

Abraumbewegung

Jahr	DDR		Westdeutschland		SU		ČSSR	
	Anzahl der Abraumbetriebe	M m³ je Betrieb u. Jahr	Anzahl der Abraumbetriebe	M m³ je Betrieb u. Jahr	Anzahl der Abraumbetriebe	M m³ je Betrieb u. Jahr	Anzahl der Abraumbetriebe	M m³ je Betrieb u. Jahr
1957	55	9,0					22	3,8
1961	48	13,5						
1965	43	19,5						
1970	46	24,5					20	11,5[2]

[1]) Auf dem heutigen Gebiet der DDR [2]) 1975

Ganz entsprechend ist die Entwicklung des Braunkohlenbergbaues in Westdeutschland verlaufen, wobei sich die gewaltigste Betriebskonzentration im rheinischen Revier, dem westdeutschen Hauptrevier, vollzogen hat. 1956 wurden dort 82 M t aus 20 Betrieben gefördert, während 1970 nur noch 8 Betriebe eine Förderung von 108 M t bringen werden. Die Angaben in Tabelle 4 lassen für die Sowjetunion und die ČSSR ähnliche Entwicklungstendenzen erkennen, wie diese auch in den anderen, hier nicht besonders aufgeführten sozialistischen Ländern bestehen, u. a. in der VR Polen.

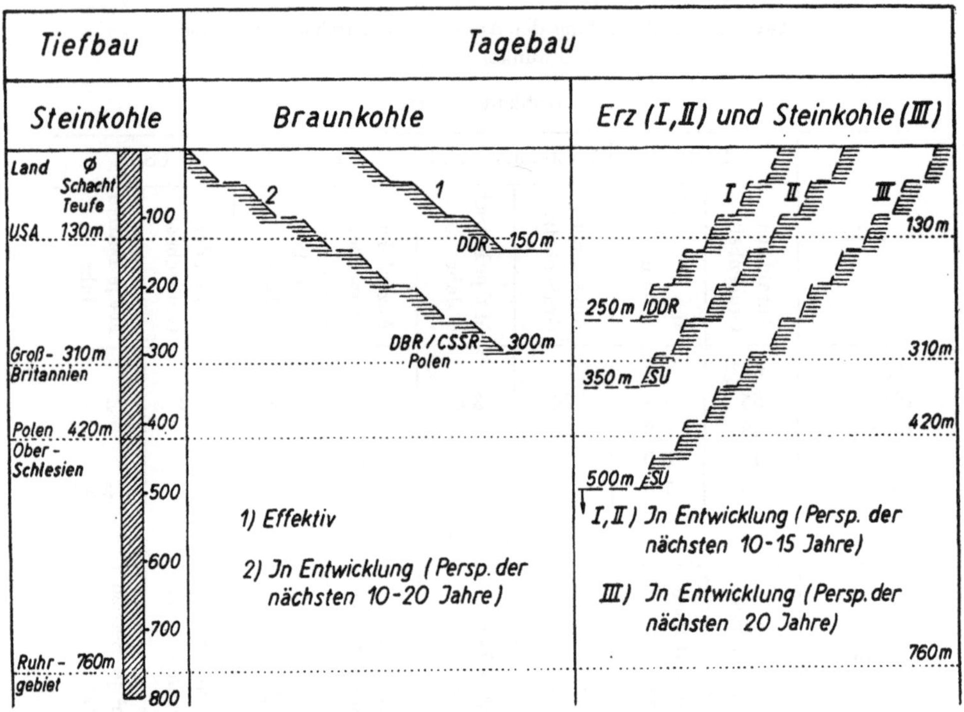

Abb. 4. Vordringen der Tagebaue in die Teufe

Es war bereits angedeutet worden, daß das Verhältnis der Abraumbewegung zur Freilegung des nutzbaren Minerals wesentlich von der absoluten Mächtigkeit des Deckgebirges und der zu gewinnenden Lagerstätte beeinflußt wird. Je größer die Deckgebirgsmächtigkeit ist, desto größer muß man die Tagebaufläche und die Förderleistung wählen. Angaben darüber, bis zu welcher Teufe Kohlen- und Erztagebaue vordringen, finden sich auf Abbildung 4, wo die in der Perspektive von einigen Ländern angestrebten Teufen dargestellt sind.

Zum Vergleich sind noch die durchschnittlichen Schachtteufen einiger wichtiger Steinkohlenreviere eingetragen, um zu zeigen, wie der Tagebau mehr und mehr in bisher ausgesprochenes Tiefbaugebiet vordringt.

Die Braunkohlentagebaue der DDR haben im Geiseltal seit langem eine Tiefe von 150 m erreicht und werden bei den vorhandenen Ablagerungsverhältnissen auch nicht darüber hinauskommen. Die neuen Großtagebaue im Hauptrevier Cottbus dagegen werden nur bis etwa 100 m tief sein, wenn auch bei der geringen Flözmächtigkeit von nur 10 m das Verhältnis Decke zu Kohle z. T. recht ungünstig werden wird. Eigentliche Tieftagebaue, worunter solche mit einer Gesamtteufe von mehr als 200 m verstanden werden sollen, befinden sich dagegen bereits im rheinischen Braunkohlenrevier in der Entwicklung, wobei mit Endteufen von etwa 300 m zu rechnen ist; auch die VR Polen und die ČSSR sind vor die Aufgabe gestellt, Braunkohlentagebau bis fast 300 m Tiefe zu betreiben.

Was die Beispiele des Erztagebaues anbelangt, so zeigen diese, daß wir in der DDR im Erztagebau bis zu einer Tiefe von 250 m vordringen werden, während in der Sowjetunion eine ganze Reihe solcher Betriebe eine Teufe von 350 m und mehr erreichen wird.

Besonders bemerkenswert ist nun aber die Tatsache, daß man in der Sowjetunion fest beabsichtigt, Steinkohlentagebaue bis 500 m Teufe und noch darüber hinaus zu entwickeln [43, 9]. Im Kusnezker Becken liegen z. T. Ablagerungsverhältnisse vor, unter denen sich die Gewinnung der Kohle im Tiefbau äußerst schwierig und teuer gestalten würde. Deshalb wird trotz der zusätzlichen Bewegung gewaltiger Abraummassen die Gewinnung im Tagebau als vorteilhafter und notwendig angesehen.

Ist der Tagebau schon ganz allgemein durch den Begriff „Massenbewegung" gekennzeichnet, so gilt das vom Tieftagebau erst recht. Bei dem hohen Stand der Tagebautechnik ist dieses Problem technisch und wirtschaftlich in fast jedem Falle befriedigend zu lösen. Nur für die Phase des Aufschlusses, in welcher der Zeitfaktor mitbestimmend ist, sind für Tieftagebaue noch bessere Voraussetzungen zu schaffen; denn bei den Aufschlußarbeiten kommt es darauf an, große Massenbewegungen in möglichst kurzer Zeit durchzuführen, um die Förderung baldigst aufnehmen zu können. In welchem Maße die Aufschlußmassen mit zunehmender Mächtigkeit des Deckgebirges anwachsen, soll an Hand zweier Beispiele in Tabelle 5 gezeigt werden.

Einer Zunahme der Deckgebirgsmächtigkeit um 100 m entspricht für den als Beispiel aufgeführten Erztagebau ein Anwachsen der Aufschlußmassen auf das Sechsfache und im Falle des Braunkohlentagebaues auf das Fünffache. Nach Rshewski dringen die Tagebaue der Sowjetunion jährlich etwa 10–15 m nach der Tiefe vor, so daß man demnach schon 10 oder allenfalls 7 Jahre braucht, um einen nur 100 m tiefen Aufschluß herzustellen. Bei noch größeren Teufen würden sich noch längere Aufschlußzeiten ergeben. Rshewski weist deshalb auf die Notwendigkeit hin, den jährlichen Fortschritt nach der Teufe durch Verbesserung der Förder- und Aufschlußtechnik auf ein Mehrfaches zu erhöhen und damit die Aufschlußzeiten auf ein tragbares Maß zu verringern. Im Braunkohlenbergbau liegen in dieser Beziehung die Verhältnisse zwar günstiger, aber auch hier wird nach Lösungen gesucht, möglichst kurze Aufschlußzeiten zu erreichen.

Tabelle 5. Anwachsen der Aufschlußmassen mit zunehmender Teufe

Deckgebirgsmächtigkeit m	Erztagebau [1]		Braunkohlentagebau	
	M m³	Verhältniszahl	M m³	Verhältniszahl
100	18	1,0	50	1,0
150	56	3,1	130	2,6
200	113	6,3	250	5,0
	In jedem Falle gleiche Freilegungsfläche von 10000 m²		In jedem Falle gleiche Freilegungsfläche	
	Generalneigung der Böschungssysteme = 1:3			

[1]) nach Rshewski

Beim Aufschluß kommt nun noch ein anderes Erschwernis hinzu. Da im betriebenen Tagebau noch kein Kippraum für die anfallenden Massen vorhanden ist, muß der Abraum auf Außenkippen gebracht, also außerhalb des Tagebaues verstürzt werden. Das ist grundsätzlich mit einer Verteuerung der Abraumkosten verbunden, weshalb man in der Planung vorsieht, möglichst bald auf Innenkippenbetrieb überzugehen, d. h., die Massen im betriebenen Tagebau selbst zu verkippen. Je tiefer ein Tagebau ist, desto mehr verzögert sich dieser Zeitpunkt; denn es sind nicht nur die sehr erheblichen Aufschlußmassen, sondern u. U. aus Mangel an Kippraum auch noch ein Teil der Massen, die im Regelbetrieb anfallen, auf Außenkippen zu bringen. Welches Ausmaß die Außenverkippung bei Tieftagebauen annehmen kann, sei durch das Beispiel des rheinischen Großtagebaues „Fortuna" belegt. In diesem Tagebaufeld sind 850 M t Braunkohle von 1900 M m³ Abraum überdeckt, und davon müssen 900 M m³, also fast 50%, auf Außenkippen gefahren werden [16].

Daß der Betrieb von Groß- und insbesondere von Tieftagebauen — abgesehen von der Technik und Ökonomie — noch zusätzlich zu lösende Aufgaben mit sich bringt, kann in diesem Zusammenhang nur kurz gestreift werden. Man denke dabei nur an die Probleme der Entwässerung und der Bodenmechanik, insbesondere an die Standfestigkeit der fortschreitenden und bleibenden Böschungssysteme, und man denke vor allem auch daran, daß durch den Tagebau gewaltige offene Räume mit einem Inhalt von Hunderten von Millionen m³ entstehen und dadurch Störungen im Gleichgewicht der Gebirgsschichten auftreten. Ein ganz neues Problem stellt schließlich für besonders tiefe Erz- und Steinkohlentagebaue noch die künstliche Bewetterung dar, da in besonders ungünstigen Fällen die natürliche Bewetterung nicht mehr ausreicht.

Tabelle 6. Prozentualer Anteil der Tagebauförderung an der Gesamtförderung der USA und der SU

	1955		1960		1975/80	
	USA	SU	USA	SU	USA	SU
Kohle[1]) (Steinkohle u. Braunkohle)	25	16	30	20		
Eisenerz	75	40				
Buntmetall-Erz		50				
Speziell Kupfer-Erz	80					
Sonstige Bodenschätze		75				
Sämtliche Bergbauprodukte						75

[1])	USA	SU
	fast nur Steinkohle	bisher ²/₃ Braunkohle u. ¹/₃ Steinkohle
1960	135 M t = 30%	105 M t = 20%
1965	> 30%	142 M t > 25%

Die allgemeinen Betrachtungen zum Tagebau sollen vervollständigt und abgeschlossen werden durch eine Übersicht über den prozentualen Anteil der Tagebauförderung an der Gesamtförderung der USA und der Sowjetunion. Es genügt, in Tabelle 6 die entsprechenden Zahlen nur für diese beiden großen Staaten anzugeben, da sie als repräsentativ für die Gesamtentwicklung gelten können.

Sowohl in den USA als auch in der Sowjetunion wurden bereits 1960 jährlich über 100 M t Kohle aus den Tagebauen gewonnen, und 1965 werden es in beiden Fällen etwa 150 M t sein, entsprechend einem Prozentanteil an der Gesamt-Kohlenförderung dieser Länder von 30 bzw. 25%. Im Vergleich dazu sei erwähnt, daß 1961 aus den deutschen Braunkohlentagebauen 334 M t Braunkohle gefördert wurden.

Erze jeder Art wurden bereits 1955 in den USA zu ungefähr drei Vierteln und in der Sowjetunion etwa zur Hälfte aus Tagebauen gewonnen. Die Gewinnung sonstiger Bodenschätze erfolgte zur selben Zeit in der Sowjetunion zu 75% und in den USA — zahlenmäßig allerdings nicht belegt — zu einem noch höheren Prozentsatz an der Gesamtförderung.

Besonders zu beachten ist nun aber die Tatsache, daß nach Angaben von Melnikow in der SU etwa bis zu den Jahren 1975 bis 1980 rd. 75% aller Bergbauprodukte im Tagebau gewonnen werden sollen. Es ist nach den bisherigen Erfahrungen kaum zu bezweifeln, daß dieses Ziel in der vorgesehenen Zeit ganz oder doch in großer Annäherung erreicht werden wird.

Alles in allem erobert sich der Tagebau ein immer größeres Anwendungsgebiet, und es werden nicht nur zusätzlich neue Tagebaue eingerichtet, sondern auch alte Tiefbaureviere ganz oder teilweise auf Tagebau umgestellt. Ausschlaggebend dabei sind die hohe Arbeitsproduktivität der Tagebaue, die durch Anwendung der modernsten Technik noch erheblich gesteigert werden wird, und die damit verbundenen weiteren Vorteile, die in den meisten Fällen wesentlich größer sind als die sich aus dem Tagebauverfahren, insbesondere aus der großen, dem Tiefbau gegenüber zusätzlichen Massenbewegung ergebenden Nachteile.

Den nun folgenden Betrachtungen, die sich in großen Zügen mit dem Stand und mit der Entwicklung der Tagebautechnik befassen sollen, werden vorwiegend die Verhältnisse im Braunkohlenbergbau der DDR zugrunde gelegt. Wir gewinnen in 50 großen Tagebauen etwa 36% der gesamten Braunkohlenförderung der Welt und stehen damit in diesem Bergbauzweig mit weitem Abstand an erster Stelle. Da für unsere Braunkohlentagebaue außerdem ein sehr umfangreiches und fast geschlossenes Unterlagenmaterial vorliegt und somit ein guter Maßstab für die Beurteilung vieler wichtiger Fragen gegeben ist, erscheint eine solche Einschränkung durchaus vertretbar.

Eine weitere Einengung ergibt sich noch insofern, als nur die Abraumtechnologien besprochen werden sollen. Auch das dürfte gerechtfertigt sein, denn der Schwerpunkt aller Braunkohlentagebaue, wie übrigens auch der meisten Tagebaue anderer Art, liegt im Abraum. Der Anteil der Abraumkosten an den Gestehungskosten der Kohle ist sehr hoch und beläuft sich im Braunkohlenbergbau der DDR gegenwärtig auf mehr als 60%. Der Hebel zur Verbesserung der Arbeitsproduktivität und zur Senkung der Selbstkosten muß deshalb in erster Linie in den Abraumbetrieben angesetzt werden, weil nur damit die Gestehungskosten der Kohle wesentlich beeinflußt werden können. Demgegenüber kann sich eine Verringerung der Betriebskosten im Grubenbetrieb selbst nur verhältnismäßig schwach auswirken, und außerdem bestehen in diesem Betriebsteil nur geringe Möglichkeiten zur Steigerung der Arbeitsproduktivität. So kommt es auch, daß in

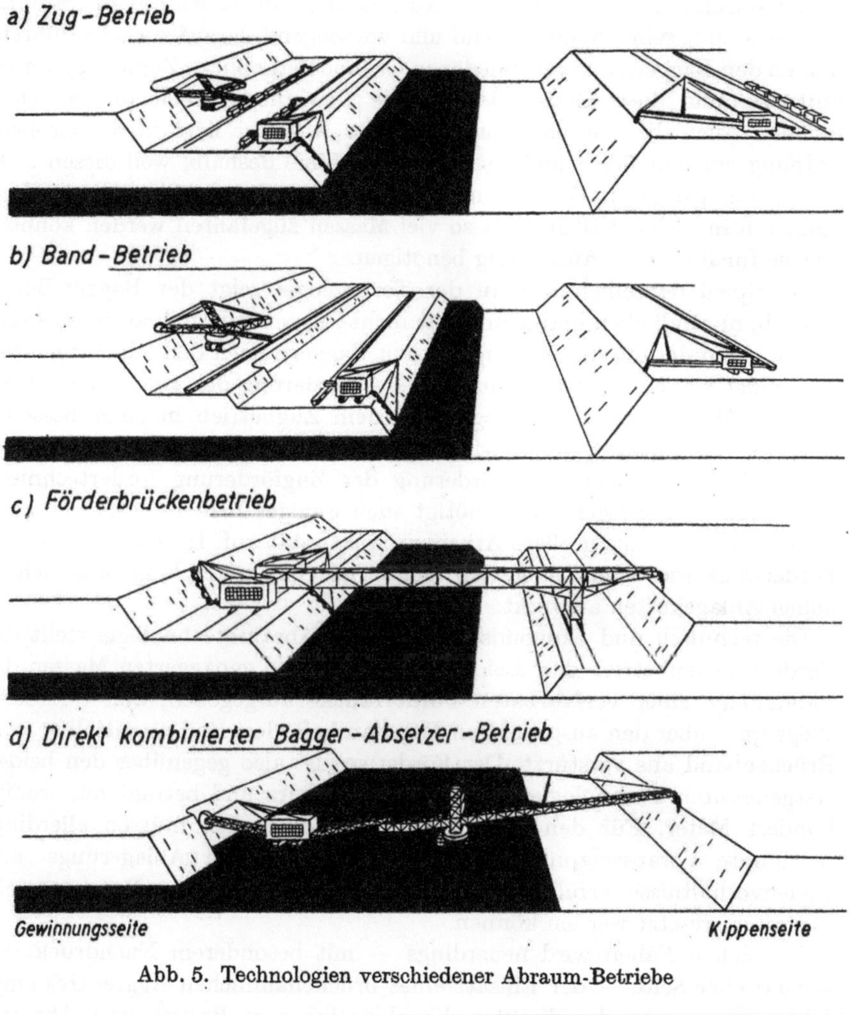

Abb. 5. Technologien verschiedener Abraum-Betriebe

der Perspektive die Steigerung der Arbeitsproduktivität für die Grubenbetriebe nur ein Drittel so hoch vorgesehen ist wie für den Abraum.

Unsere Haupt-Abraumtechnologien sind auf Abbildung 5 schematisch dargestellt.

Da ist zunächst der Bagger-Zug-Betrieb, bei dem die von Baggern gewonnenen Abraummassen in Züge verladen, mit diesen nach den Kippen gefahren und dort mit Absetzgeräten verstürzt werden.

Die durchschnittliche zeitliche Ausnutzung der Gewinnungsgeräte ist mit etwa 50% sehr unbefriedigend und vorwiegend darauf zurückzuführen, daß an den Baggern aus verschiedenen Gründen erhebliche Zugmangelzeiten auftreten und diese Geräte deshalb die Gewinnungsarbeit unterbrechen müssen. Auch die zeitliche Auslastung der Absetzer liegt in der Größenordnung von nur 50%, und zwar in erster Linie deshalb, weil diesen z. T. sehr leistungsfähigen Geräten mit unseren verhältnismäßig kleinen Zugeinheiten in vielen Fällen nicht so viel Massen zugefahren werden können, wie sie für ihre volle Auslastung benötigen.

Prinzipiell denselben Aufbau der Technologie zeigt der Bagger-Band-Betrieb, nur daß eben in diesem Falle nicht Züge, sondern Transportbänder für die Abförderung der Massen von den Baggern nach den Abwurfgeräten verwendet werden. Die kontinuierliche Abförderung der von den Baggern gelösten Massen wirkt sich gegenüber dem Zugbetrieb in einer besseren zeitlichen Ausnutzung der Gewinnungs- und Abwurfgeräte aus. Außerdem ist die kontinuierliche Bandförderung der Zugförderung fördertechnisch grundsätzlich überlegen und benötigt auch weniger Bedienungspersonal als diese, weist also eine größere Arbeitsproduktivität auf. Im übrigen sind die Förderwege wie beim Zugbetrieb meist viele Kilometer lang, was sich in hohen Anlagekosten auswirkt.

Die technisch und ökonomisch günstigste Abraumtechnologie stellt der Förderbrückenbetrieb dar. Bei diesem werden die gebaggerten Massen der Bandanlage einer verfahrbaren Förderbrücke aufgegeben, auf kürzestem Wege quer über den ausgekohlten Tagebau befördert und unmittelbar vom Brückenband aus verstürzt. Der Förderweg ist also gegenüber den beiden erstgenannten Technologien außerordentlich kurz und beträgt nur wenige hundert Meter. Für den Einsatz von Förderbrücken müssen allerdings bestimmte Voraussetzungen, vor allem bezüglich der Ablagerungs- und Bodenverhältnisse, erfüllt sein, so daß die so vorteilhaften Brücken nicht überall eingesetzt werden können.

In solchen Fällen wird neuerdings — mit besonderem Nachdruck von sowjetischer Seite — der Einsatz eines brückenähnlichen Aggregates empfohlen, und zwar der direkten Kombination von Bagger und Absetzer [39, 37, 31, 13]. Dabei gibt das Gewinnungsgerät, möglichst ein leistungsfähiger Schaufelradbagger, die von ihm gelösten Massen unmittelbar einem Bandabsetzer auf, der durch einen besonders langen Ausleger gekennzeichnet ist. Dieses Bagger-Absetzer-System besitzt eine große Anpassungsfähigkeit an die jeweils vorliegenden Betriebsverhältnisse und zeichnet sich durch eine hohe Arbeitsproduktivität aus, die der von Förderbrücken sehr nahe kommen kann. Für solche Aggregate gibt es vielseitige Einsatzmöglichkeiten, zumal da sie im Bedarfsfalle auch verhältnismäßig leicht umgesetzt werden können. Ihre Anwendung ist besonders auch in kleinen Kohlenfeldern vorteilhaft, aus denen eine verhältnismäßig große Förderleistung gebracht werden soll.

Tabelle 7
Kennziffern bei Anwendung verschiedener Abraumtechnologien im Braunkohlentagebau der DDR

Abraumtechnologie	Durchschnittswerte		Bestwerte	
	Arb.-Prod. II[1]) m³/h u. AK	Kosten je m³ Abraum Pf/m³	Arb.-Prod. II[1]) m³/h u. AK	Kosten je m³ Abraum Pf/m³
Förderbrücken-Betrieb	35	40	45	20
Direkt kombinierter[2]) Bagger-Absetzer-Betrieb	(30)	(55)	(38)	(45)
Bagger-Band-Betrieb	23	85	30	60
Bagger-Zug-Betrieb	12	105	17	60

[1]) Bezogen auf die gesamte Abraumbelegschaft, einschl. Werkst. u. Hilfsarbeiter
[2]) Neue Technologie in Entwicklung, also projektierte Kennziffern

In Tabelle 7 sind die wichtigsten Kennzahlen, die Arbeitsproduktivität und die spezifischen Abraumkosten, für die verschiedenen Abraum-Technologien zusammengestellt.

An der Spitze steht der Förderbrückenbetrieb mit einer durchschnittlichen Arbeitsproduktivität von 35 m^3/h und AK und Abraumkosten von durchschnittlich 40 Pf/m^3. In erheblichem Abstand folgt der Bagger-Band-Betrieb mit doppelt so hohen spezifischen Abraumkosten, die in erster Linie auf sehr hohe Abschreibungskosten zurückzuführen sind. Solche Bandanlagen sind vorläufig noch verhältnismäßig schwer und deshalb sehr teuer, und es geht für die Zukunft darum, leichtere und damit billigere Bandanlagen zu entwickeln.

Am schlechtesten schneidet der Bagger-Zug-Betrieb ab, der von den genannten Technologien den höchsten Lohnanteil an den Abraumkosten aufweist. Entsprechend gering ist die Arbeitsproduktivität, die bei uns deshalb besonders niedrig liegt, weil wir unter unseren Zugbetrieben noch etwa 40% Schmalspurbetriebe haben. Selbst wenn wir aber die Zugbetriebe zunehmend auf Normalspur umstellen und außerdem noch größere Wageneinheiten einsetzen, ändert sich nichts an der Tatsache, daß — im Durchschnitt betrachtet — die Arbeitsproduktivität der Zugbetriebe den anderen Technologien gegenüber auch weiterhin am geringsten sein wird.

Während die bisher genannten Kennzahlen, abgesehen von einer geringfügigen Stilisierung, als Effektivwerte anzusehen sind, handelt es sich bei den Zahlen des direkt kombinierten Bagger-Absetzer-Betriebes um projektierte Kennziffern, die von Fleischer auf Grund sehr sorgfältiger Untersuchungen ermittelt worden sind.

Die in Tabelle 7 kritisch zusammengestellten Kennzahlen werden im einzelnen bestätigt durch Veröffentlichungen zuständiger Autoren, wie Arnold, Bernstein, Bilkenroth, Fleischer, Hollweg, Kopetschke, Siebold u. a. Diese Kennzahlen sind eindeutige und zuverlässige Richtwerte, nach denen sich die gesamte künftige Entwicklung unserer Abraumbetriebe bestimmt. Es ist klar zu erkennen, daß wir zur Erzielung günstigster Kennzahlen überall dort, wo die Voraussetzungen dafür gegeben sind, Förderbrückenbetriebe einrichten müssen. Wo das nicht durchführbar ist, muß möglichst Bandbetrieb oder auch die neu aufgegriffene Technologie des direkt kombinierten Bagger-Absetzer-Betriebes angewendet werden. Auf jeden Fall aber müssen wir uns mehr und mehr von den Bagger-Zug-Betrieben freimachen, die besonders unter den bei uns gegebenen Verhältnissen am teuersten arbeiten und relativ die meisten Arbeitskräfte binden. Bagger-Zug-Betriebe mit Normalspur müssen auf die Fälle beschränkt werden, in denen auch mit dieser Technologie befriedigende Kennwerte erreicht werden, z. B. wenn es gilt, die Abraummengen über weite Entfernungen zu transportieren.

Die aus den Kennzahlen gewonnenen Erkenntnisse spiegeln sich wider in den Angaben der Tabelle 8, auf der die Entwicklung des Prozentanteiles der Abraumtechnologien in den Braunkohlentagebauen der DDR wiedergegeben ist.

Im Ausgangsjahr 1958 war der Bagger-Zug-Betrieb mit 74%, der Bagger-Band-Betrieb mit nur 1% und der Förderbrückenbetrieb mit 25% an der gesamten Abraumbewegung beteiligt. (Vergleichsweise sei erwähnt, daß im westdeutschen Braunkohlenbergbau vom gesamten Abraum 80% mit Zügen und 20% mit Bändern bewegt werden.)

Bis zu den Jahren 1965 und 1980 verringert sich bei uns der Prozentanteil des Bagger-Zug-Betriebes auf 55 bzw. 25%, wohingegen der Anteil der Förderbrückenbetriebe auf 40 und 45% ansteigt. Der Bagger-Band-Betrieb spielt bis 1965 nur eine geringe Rolle, und erst vom nächsten Siebenjahrplan ab steigert sich sein Anteil an der gesamten Abraumbewegung bis 1980 auf 30%. Über die recht aussichtsreiche Anwendung des direkt kombinierten Bagger-Absetzer-Betriebes bestehen noch keine so konkreten Vorstellungen, daß diese Technologie bei der Aufstellung der Perspektivzahlen schon hätte berücksichtigt werden können. Aber auch wenn sie mit einbezogen wird, bleiben die für 1958 und 1965 angegebenen Zahlen unverändert, da solche Kombinationen erst nach 1965 eingesetzt werden können. Bis 1980 werden sich dann die Prozentanteile der drei anderen Technologien zwar etwas ändern, aber in ihrer Relativität doch erhalten bleiben.

Tabelle 8
Entwicklung des Ar:K und des Prozentanteiles der Abraumtechnologien im Braunkohlentagebau der DDR

Abraum-Technologie	1958	1965	1980
$\frac{\text{Abraumbewegung}}{\text{Kohlenfreilegung}} = \frac{\text{Ar}}{\text{K}}$	2,3:1	3,3:1	4,6:1
Förderbrücken-Betrieb	25	40	45
Bagger-Band-Betrieb	1	5	30
Bagger-Zug-Betrieb	74	55	25
Gesamt-Abraum	100	100	100

Bliebe noch über die Technik selbst, also über die Abraumgeräte und -einrichtungen, in aller Kürze einiges zu sagen.

Wir gewinnen, ebenso wie das im westdeutschen Braunkohlenbergbau der Fall ist, die Abraummassen mit kontinuierlich arbeitenden Eimerketten- und Schaufelradbaggern, wobei sich die Schaufelradbagger immer stärker durchsetzen. Bei uns wird diese allgemeine Entwicklung dadurch etwas überdeckt, daß wir speziell für unsere Brückenbetriebe in erheblichem Umfange auch noch Eimerketten-Schwenkbagger bauen. Das Vordringen der Schaufelradbagger wird noch dadurch begünstigt, daß diese Gewinnungsgeräte bis auf wenige Ausnahmen Raupenfahrwerke haben und dadurch die schweren Baggergleisroste in Wegfall kommen, die dem Abbaufortschritt entsprechend gerückt und laufend unterhalten werden müssen. Um diesen großen Aufwand an Gleisarbeiten zu vermeiden, besteht übrigens auch für Eimerkettenbagger, die nicht an Förderbrücken arbeiten, die Tendenz, die Gleisfahrwerke durch Raupenfahrwerke zu ersetzen. Moderne Schaufelradbagger haben zur Erzielung großer Blockbreiten lange Ausleger und weisen gegenüber früheren Ausführungen meist wesentlich höhere Schneidkräfte auf.

Unser in Zukunft größter Eimerketten-Schwenkbagger, der Ds 3150, kann bei einer effektiven Stundenleistung von 5000 m^3 jährlich bis 35 M m^3 Abraum gewinnen, während unser leistungsfähigster Schaufelradbagger der ebenfalls noch im Bau befindliche Sch Rs 1250 mit einer effektiven Stundenleistung von 4400 m^3 sein wird. Die Schaufelradbagger im rheinischen Revier, deren Größe durch die Ablagerungsverhältnisse bedingt ist, erreichen Stundenleistungen bis 5600 m^3, was einer Tagesleistung von etwa 110000 m^3 entspricht. Welche von den aufgeführten Gerätetypen ganz allgemein im Braunkohlentagebau vorhanden sind und welche speziell in der DDR

Tabelle 9

Technische Daten von Baggern und Absetzgeräten

Art der Geräte	Eimerketten-Schwenkbagger	Schaufelrad-Bagger	Absetzer bei Zugbetrieb	Abwurfgeräte b. Bandbetrieb
Eimerinhalt l				
a) allgemein		20—4000	400—4500	—
b) DDR	**1120—3150**	**315—1250**	**540—2240**	—
Theoret. Leistung m^3/h				
a) allgemein		70—10000	720—5650	1900—8500
b) DDR	**1920—4400**	**1690—6600**	**1110—3040**	**—8400**
Dienstmasse t				
a) allgemein		18—5650	230—2820	185—2600
b) DDR	**1210—4300**	**370—4000**	**230—1990**	**—2600**
Kosten je t Konstr.-Masse DM	ca. 5000,—		ca. 5500,—	

Diese Geräte werden vor allem in Deutschland gebaut, ein Teil in der UdSSR und der ČSSR.

gebaut werden, ist aus den technischen Daten in Tabelle 9 des näheren zu ersehen.

Die von den Baggern nach den Kippen beförderten Massen werden dort in den meisten Fällen durch ein- oder zweiteilige schwenkbare Bandabsetzer verstürzt. Die mit Zügen beschickten Absetzer bewegen sich auf Gleisfahrwerken und arbeiten im Schwenkbetrieb an langer Front, während bei Zuführung der Massen mit Bändern raupenbewegliche Bandabwurfgeräte eingesetzt werden, die im Blockbetrieb arbeiten. In der konstruktiven Entwicklung zeigt sich die Tendenz, die Absetzer möglichst mit Raupen oder Schreitwerken auszurüsten. Darüber hinaus wird es in Hinsicht auf die Einführung des direkt kombinierten Bagger-Absetzer-Betriebes erforderlich sein, Absetzgeräte mit 150 bis über 200 m langen Auslegern zu entwickeln. Solche Geräte werden verhältnismäßig schwer werden, und erst wenn sie durchkonstruiert sind, kann entschieden werden, bis zu welchen Auslegerlängen man unter technisch-ökonomischen Gesichtspunkten gelangen kann. Größe und Leistungsfähigkeit der vorhandenen Absetzer sowie Angaben darüber, welche Geräte dieser Art in der DDR gebaut werden, sind Tabelle 9 zu entnehmen.

Zur Zugförderung ist zu sagen, daß bei uns nur noch 75, 100 und 150 t schwere Lokomotiven für Gleichstrom, 1200 bzw. 2400 V, gebaut werden. In den rheinischen Tagebauen dagegen werden vorwiegend Umformer- und Gleichrichterlokomotiven mit einer Dienstmasse von 120—130 t eingesetzt [22].

Unsere Abraumwagen haben Nenninhalte von 25 und 40 m^3, während man in Westdeutschland Abraumwagen bis zu einem Inhalt von 108 m^3 verwendet. Zur Verbesserung der Arbeitsproduktivität und Wirtschaftlichkeit im Zugbetrieb wird auch in der DDR an der Entwicklung eines 90-m^3-Abraumwagens gearbeitet, und zwar unter der erschwerenden Bedingung, daß der bisherige max. Achsdruck unserer Wagen nicht überschritten werden darf. In Westdeutschland hat der Einsatz größter Wageneinheiten mit einem Achsdruck von über 34 Mp zur Einführung eines besonders schweren Schienenprofils für die Fahrgleise geführt. Ein genereller Umbau der Gleiswege in diesem Sinne wäre aber bei uns aus wirtschaftlichen Gründen nicht vertretbar.

Bei sehr großen Fördermengen und nicht zu langen Förderwegen (schätzungsweise bis 3000 m Strossenlänge) ist im allgemeinen die Bandförderung der Zugförderung überlegen, besonders dann, wenn beim Transport größere Steigungen zu überwinden sind. Eigene Betriebserfahrungen und -ergebnisse mit Abraum-Bandanlagen liegen bei uns in der DDR bisher nur in bescheidenem Umfange vor. Unser Maschinenbau hat Strossen-Bandanlagen für Bänder bis 2000 mm Breite entwickelt, deren Leistungen in den meisten Fällen ausreichen werden. Für Bandbetriebe größten Ausmaßes erscheint es aber unerläßlich, noch breitere und damit leistungsfähigere Bänder vorzusehen. Die Bandstraßen werden in Sektionen von etwa 800 m Länge unterteilt, deren Antriebe entweder für sich gerückt werden können oder selbstbeweglich sind.

Abraumförderbrücken vereinigen als Verbundgeräte alle Hauptarbeitsvorgänge in sich. Sie wurden früher in Anpassung an die jeweiligen Betriebsverhältnisse gewissermaßen „nach Maß" hergestellt, während wir heute nur noch zwei typisierte Zweistützen-Brücken bauen. Diese haben Stützweiten von 180 bzw. 225 m, Abtragshöhen von 34 bzw. 45 m und leisten bis 115000 m³ Abraum/Tag oder bis 35 M m³/Jahr. Die zeitliche Ausnutzung der Brückenbagger ist wesentlich besser als bei Bagger-Zug-Betrieb und beträgt im Durchschnitt 70%. Um die Kohlenfreilegung und -förderung zu erhöhen, werden neuerdings auch zwei Brücken auf einer u. U. bis 5 km langen Strosse eingesetzt. Da mit den Brücken nur 34 bzw. 45 m Deckgebirge abgetragen werden können, müssen in den meisten Fällen die oberen Deckgebirgsschichten in einem besonderen Vorschnittbetrieb gewonnen werden. Abhängig von der Größe des Abraumvorschnittes ist von Fall zu Fall zu entscheiden, ob dieser im Bagger-Zug-Betrieb oder im Bagger-Band-Betrieb durchgeführt wird. Bei jeder dieser beiden Technologien stellen sich im Vorschnitt die Kosten je m³ Abraum erheblich teurer als im Brückenbetrieb und beeinflussen die Mischkosten für den Gesamtabraum ungünstig. Um einen möglichst hohen Anteil an billigen Brücken-Kubikmetern zu haben, besteht deshalb in Hinsicht auf einige Tagebaue mit großer Deckgebirgsmächtigkeit nach wie vor der Wunsch nach Entwicklung einer Förderbrücke für 60 m Abtragshöhe. Bei Anordnung von drei Schwenkbaggern Ds 3150 würde eine solche Brücke eine maximale Jahresleistung von etwa 100 M m³ haben können.

Über die brückenähnliche Kombination Bagger-Absetzer ist das Wesentliche schon gesagt worden. Ergänzend wäre nur noch hinzuzufügen, daß auch bei dieser Technologie die Abtragshöhe begrenzt ist, und zwar unter unseren Verhältnissen auf max. etwa 40 m. Bezüglich des Vorschnittes gilt Entsprechendes wie für die Brückenbetriebe.

Von großer Wichtigkeit sind schließlich die vielen Hilfsgeräte und Kleinmechanismen für die umfangreichen Gleis-, Neben- und Entwässerungsarbeiten, für die bisher etwa 40% der reinen Tagebaubelegschaften eingesetzt sind. Um den Umfang dieser Arbeiten grundsätzlich einzuschränken, besteht die vordringlichste Aufgabe darin, die Haupttechnologien so durchzuführen, daß möglichst wenig Nebenarbeiten anfallen. Die dann trotzdem noch verbleibenden Gleis- und Hilfsarbeiten müssen durch den Einsatz sehr vielseitiger moderner Hilfsgeräte produktiver gestaltet werden. Einen besonders großen Aufwand erfordert die Unterhaltung der verzweigten Gleisanlagen, von deren einwandfreiem Zustand die Leistungsfähigkeit der Betriebe stark abhängt. Was allein in dieser Beziehung zu leisten ist, geht daraus hervor, daß in den Braunkohlentagebauen der DDR — umgerechnet auf zweischienige Fahrgleise — insgesamt etwa 6000 km Gleise verlegt sind, was der Entfernung von Berlin bis Irkutsk entspricht. Sehr umfangreich sind ferner die Entwässerungsarbeiten, bei denen insbesondere die Entwässerungsstrecken noch bis vor wenigen Jahren fast ausschließlich von Hand aufgefahren wurden. Inzwischen sind von einer Forschungsgemeinschaft leistungsfähige Streckenvortriebsmaschinen entwickelt worden, deren Einsatz eine Erhöhung der Arbeitsproduktivität bis 50% und eine Verringerung der Selbstkosten von etwa 25% mit sich bringt [34]. Größte Beachtung verlangen schließlich in organisatorischer, technischer und wirtschaftlicher Hinsicht die Instandhaltungsbetriebe, sind doch über 25% der Gesamtbelegschaft mit Instandhaltungs- und Reparaturarbeiten beschäftigt [30].

Mit diesen kurzen Hinweisen sollen die Ausführungen über die Hilfstechnik und damit auch über das ganze Kapitel Technik für die Abraumbetriebe der Braunkohlentagebaue ihren Abschluß finden.

Der Vollständigkeit halber muß aber noch die Technologie der Tagebaue gestreift werden, in denen feste Gebirgsschichten abzutragen sind, also der meisten Erz- und Steinkohlentagebaue sowie der Steinbrüche. Dort erfolgt die Gewinnung vorwiegend im Etagenbau so, daß das Gestein durch Sprengungen — heute in erster Linie durch Großbohrlochsprengungen — aus dem Verband gelöst und das anfallende Haufwerk hauptsächlich mit robusten Löffelbaggern weggeladen wird. Für die Abförderung sind Züge oder schwere Lastkraftwagen oder Bandanlagen eingesetzt. Die Entwicklung in der LKW-Förderung hat zu immer größeren Wageneinheiten bis 40, 60 und 75 t Tragfähigkeit geführt. Die Anwendung der Bandförderung, die im allgemeinen eine hohe Arbeitsproduktivität aufweist, setzt voraus, daß den Bandern das Haufwerk in vorgebrochenem Zustande aufgegeben wird. Nachdem jetzt fahrbare Brecheranlagen entwickelt worden sind, wird sich der Anwendungsbereich der Bandförderung wesentlich erweitern [20, 10, 29].

Besonderer Erwähnung bedarf das sog. transportlose Verfahren, das in den USA und in der SU häufig dort angewendet wird, wo die Deckgebirgsmächtigkeit gering ist und bis etwa 30 m beträgt. Unter diesen Verhältnissen ist es nämlich möglich, die Arbeitsvorgänge des Gewinnens, Förderns und Verkippens von einem einzigen Gerät ausführen zu lassen, und zwar von Schürfkübelbaggern, die meistens mit Schreitwerken und einem möglichst langen Ausleger ausgestattet sind. Diese Geräte nehmen an der Gewinnungsstelle die Massen mit dem Schürfkübel auf und schwenken um etwa 180°, wobei sich in der letzten Schwenkphase der Kübel entleert. Hat der Ausleger des Gerätes beispielsweise eine Ausladung von 125 m, so werden die Massen ohne jeden besonderen Zwischentransport an einer 250 m entfernten Stelle abgesetzt. Wenn diese Entfernung nicht ausreicht, so können die abgeworfenen Massen mit einem weiteren Gerät nochmals aufgenommen und umgesetzt werden. Dieses außerordentlich produktive und billige Verfahren ermöglicht allerdings nur eine relativ geringe Freilegung der zu gewinnenden Lagerstätte und infolgedessen auch nur kleine Förderleistungen. Vielfach erfolgt die Abräumung des Deckgebirges durch Schürfkübelbagger in Zusammenarbeit mit Löffelbaggern, wie übrigens auch das nutzbare Mineral mit Löffelbaggern gewonnen wird.

Zur Erhöhung der Arbeitsproduktivität und Wirtschaftlichkeit sowie zur Erweiterung des Anwendungsbereiches ist der Löffel- bzw. Schürfkübelinhalt mehr und mehr vergrößert worden, ebenso die Länge der Ausleger usw. Der größte Schürfkübelbagger wird in der SU einen 125 m langen

Tabelle 10
Massenbewegung im Braunkohlentagebau der DDR

Jahr	1961	1970	Verhältnisz. $\frac{1970}{1961}$
	M m³[1]) Mt	M m³[1]) M t	%
Abraumbewegung	645 ≈1290	1100≈2200	171
Kohlenförderung	235	300	128
Wasserhebung	~ 950	~ 1500	158
Gesamte Massenbewegung	2475	4000	162

[1]) 1 m³ gleichgesetzt 2 t

Ausleger und einen 50 m³ fassenden Kübel haben, und der größte, in den USA gebaute Löffelbagger hat sogar einen Löffelinhalt von 100 m³, und sein Gewicht beläuft sich auf 7000 t. Solche Bagger erreichen dann auch die Leistungen der bei uns üblichen Großgeräte, bilden aber die Ausnahme.

In den Tagebauen des Kusnezker Beckens war 1957 das transportlose Verfahren mit 54% an der gesamten Abraumbewegung beteiligt. Weitere 16% entfielen auf das hydraulische Verfahren, bei dem Lockergestein mit Monitoren, also mit Druckwasser, hereingewonnen und die Trübe mit Schlammpumpen in künstliche oder natürliche Absetzbecken weiterbefördert wird. Auch hierbei handelt es sich vorwiegend um kleine, aber recht wirtschaftliche Betriebe.

Mehr kann hier zu diesen interessanten Fragen leider nicht gesagt werden, da nochmals auf den Braunkohlentagebau zurückzukommen ist.

Die Größe der unserem Braunkohlenbergbau gestellten Aufgabe geht aus den Zahlen der Tabelle 10 hervor.

Danach waren 1961 in den Tagebauen der DDR insgesamt etwa 2,5 Milliarden t Massen zu bewegen, und bereits 1970, also innerhalb eines Jahrzehntes, werden es 4 Milliarden t sein, was einer Zunahme von über 60% entspricht. Die Kohlenförderung, die 1961 bereits 235 M t betrug, wird bis 1970 um knapp 30% auf 300 M t anwachsen. Das ist in Hinsicht auf unsere Energiewirtschaft und auf die Entwicklung unserer gesamten Industrieproduktion eine Minimalforderung. Der Bedarf einzelner Großverbraucher wird sehr hoch sein. Man denke dabei nur einmal an das Kombinat Schwarze Pumpe, das nach vollendetem Ausbau täglich über 100000 t Rohkohle benötigen wird! Eine konkrete Vorstellung davon, wieviel das ist, erhält man vielleicht aus folgender Überlegung. Würde man auf der Strecke von Dresden nach Karl-Marx-Stadt einen mit Kohle gefüllten Reichsbahn-Güterwagen an den anderen stellen, so entspräche der Inhalt dieser 70 km langen Wagenkette der Tagesration von Schwarze Pumpe, und dabei muß die Versorgung des Kombinates aus den zugehörigen Tagebauen einen Tag wie den anderen unbedingt gesichert sein.

Die Abraumbewegung unserer Tagebaue vergrößert sich von 645 M m^3 im Jahre 1961 um reichlich 70% auf 1100 M m^3 im Jahre 1970 und damit wesentlich stärker als die Kohlenförderung, was auf die Verschlechterung der Überlagerungsverhältnisse zurückzuführen ist.

Nicht zu übersehen ist, daß im Zusammenhang mit den Tagebauarbeiten auch gewaltige Wassermengen zu heben sind, die ein Vielfaches der Kohlenförderung ausmachen. Auch die Wasserhebung zeigt ein stärkeres prozentuales Anwachsen als die Kohlenförderung, weil sich diese mehr und mehr nach dem Hauptrevier Cottbus verlagert, wo viel größere Wasserzuflüsse auftreten als in den beiden mitteldeutschen Revieren.

Im ganzen bestätigen die genannten Zahlen die bereits früher getroffene Feststellung, daß der Tagebau durch den Begriff „Massenbewegung" gekennzeichnet ist. Bezogen auf die Fördermengen in Tonnen dürfte sich in der Welt wohl kaum ein größeres Transportunternehmen finden als der Braunkohlenbergbau der DDR.

Die in Tabelle 10 angegebenen Zahlen fixieren den Umfang der Hauptaufgaben unseres Braunkohlenbergbaues, neben denen nun aber noch sehr große „Nebenaufgaben" zu lösen sind. Ergänzend soll deshalb hier wenigstens noch darauf hingewiesen werden, daß jährlich für Zwecke der Erkundung, Beobachtung und Entwässerung Bohrungen in einer Gesamtlänge von etwa 300000 m ausgeführt und in der gleichen Größenordnung auch .wässerungsstrecken aufgefahren werden müssen.

Die in den vorangegangenen Ausführungen mitgeteilten und aus einem sehr umfangreichen Zahlenmaterial gewonnenen Kennwerte beweisen, daß im Tagebau ganz allgemein und besonders im deutschen Braunkohlenbergbau Außergewöhnliches geleistet worden ist. Noch größer aber sind die Aufgaben, die im Braunkohlenbergbau der DDR in den kommenden Jahren und Jahrzehnten zu lösen sind. Sie reichen bis nahe an die Grenze des Möglichen und verlangen von allen Beteiligten, den Arbeitern, Ingenieuren und Wirtschaftsfunktionären, aufgeschlossene Mitarbeit und höchste Einsatzbereitschaft. Die jetzige Winterschlacht führt allen die Härte dieses Kampfes vor Augen; denn der Tagebauer muß nicht nur mit bergbaulichen, technischen und ökonomischen Problemen fertig werden, sondern auch mit den Witterungseinflüssen, handle es sich um große Hitze, strengen Frost oder schwere Niederschläge. Tagebaue sind — und das ist kein leicht zu nehmender Nachteil — witterungsabhängig. Mit zunehmenden Erfahrungen und Erkenntnissen werden wir aber in Zukunft auch diesen Einflüssen noch besser begegnen können als bisher.

Wenn gerade in den letzten Jahren große Erfolge in unserem Braunkohlenbergbau erzielt worden sind, so ist das u. a. die Auswirkung eines straffen Leitungsprinzips seitens der Abteilung Kohle beim Volkswirtschaftsrat, die ihre großen Aufgaben in kollektiver Zusammenarbeit mit den Vertretern der Praxis und der wissenschaftlichen Institutionen löst und zusätzlich noch sozialistische Arbeitsgemeinschaften für die Bearbeitung von Schwerpunktaufgaben einsetzt. Wichtig ist aber auch, daß dem Braunkohlenbergbau seit 10 Jahren gut ausgebildete Kader zur Verfügung gestellt werden, die befähigt sind, in leitenden Stellen an der Weiterentwicklung der Tagebaue mitzuarbeiten.

Der Kampf in unseren Tagebauen geht um den Pfennig, ja um Bruchteile davon, und erfordert zur Klärung der inneren Zusammenhänge und wechselseitigen Abhängigkeiten eine starke wissenschaftliche Durchdringung der Betriebe. Der Tagebau hat eine sehr breite Basis und umfaßt viele Wissensgebiete. Seine Entwicklung wird nie abreißen, denkt man doch z. B. in der SU schon heute daran, unter Abkehr von der traditionellen Technik in fernerer Zukunft auch physikalisch-chemische Verfahren für die Massengewinnung anzuwenden. Auf jeden Fall werden Tagebauer, seien es Praktiker oder Wissenschaftler, immer ein weites und interessantes Betätigungsfeld haben.

Literatur

[1] Arnold, Wirtschaftliche Probleme beim Aufschluß und beim Betrieb von Braunkohlentagebauen. Bergbautechnik **2** (1962).

[2] Banketow u. a., Tagebauausrüstung im Ausland. Gorny Shurnal **5** (1955).

[3] BERESNJAK, Einige Fragen der Technologie und der Entwicklungsaussichten des Tagebauverfahrens im Kusnezker Kohlenbecken. Ugol **9** (1960).

[4] BERNSTEIN, Wirtschaftlichkeit der Brückenbetriebe. Freiberger Forsch.-H. A 96 (1958).

[5] BILKENROTH, Braunkohlenenergie und Braunkohlenveredlung. Freiberger Forsch.-H. A 61 (1956).

[6] BUDTSCHENKO, Die Entwicklung des Tagebaubetriebes im Kusnezker Becken. Ugol **5** (1961).

[7] CHLEBUS, Die wirtschaftliche Bedeutung des Brüxer Braunkohlenbergbaus ... Bergfreiheit **9** (1962).

[8] CHONÉ, Betriebsweise, Geräteleistungen und Betriebskosten in Steinkohlentagebauen der USA. Braunkohle, Wärme und Energie **9/10** (1955).

[9] DERGATSCHEW, Aufschluß und Abbau tiefer Strossen im Kohlentagebau des Kusnezker Beckens. Ugol **2** (1962).

[10] DORSTEWITZ, Erztagebau einschließlich Gewinnung von Hartgesteinen. VDI-Zeitschrift **8** (1957).

[11] ENIKEJEW, Übergang einer Grube vom Tiefbau auf Tagebaubetrieb. Gorny Shurnal **7** (1957).

[12] FLEISCHER, Technologie und Wirtschaftlichkeit der Fördermethoden in Tagebauen. Bergbautechnik **2** (1961).

[13] FLEISCHER, Technologie und Wirtschaftlichkeit der direkten Kombination von Bagger und Absetzer zur Abraumbewegung in Braunkohlentagebauen. Diplomarbeit, 1962, unveröffentlicht.

[14] FRANKE, Die mechanisierte Abraumbeseitigung im amerikanischen Eisenerztagebau. Braunkohle, Wärme und Energie **11/12** (1953).

[15] FRIDMAN, Zinngewinnung auf Seifen mit den Mitteln der Hydromechanisierung. Gorny Shurnal **5** (1955).

[16] GÄRTNER, Der Großtagebau Fortuna. Braunkohle, Wärme und Energie **11/20** (1956).

[17] HAGEMANN, DieEntwicklung des Abraum-Förderbrückenbaus. Freiberger Forsch.-H. A 116 (1959).

[18] HÄRTIG-SCHMIDT, Kohle, Erdöl und Erdgas. Verlag Wilhelm Knapp. 1957.

[19] HÄRTIG, Mechanisierung der Nebenarbeiten einschließlich der Gleisarbeiten in Braunkohlentagebauen und ähnlichen Betrieben. Freiberger Forsch.-H. A 41 (1955).

[20] HÄRTIG, Stand und Entwicklung der Technik in den Tagebaubetrieben der Steine- und Erden-Industrie. Freiberger Forsch.-H. A 95 (1958).

[21] HÄRTIG, Ergebnisse und Erfahrungen mit der LKW-Förderung in Tagebaubetrieben ... Freiberger Forsch.-H. A 226 (1961).

[22] HÄRTIG, Einige Probleme der Zugförderung in Braunkohlentagebauen. Sitzungsbericht der DAW zu Berlin, Klasse für Bergbau ..., 1962/1.

[23] HOLLWEG, Die Wirtschaftlichkeit der in unseren Tagebauen möglichen Arbeitsverfahren. Freiberger Forsch.-H. A 135 (1959).

[24] Hollweg, Die Betriebskontrolle in den Tagebauen der DDR ... Bergbautechnik **2** (1961).

[25] Kaiser, Die deutsche Braunkohle als Wirtschaftsfaktor. Braunkohle, Wärme und Energie **23/24** (1957).

[26] Kern, Die Eisenerzvorkommen von Minnesota (USA) ... Berg- und Hüttenmännische Monatshefte **2** (1955).

[27] Kirnbauer, Die Abbauverfahren im österreichischen Erzbergbau. Zeitschrift Erzbergbau und Metallhüttenwesen **7** (1953).

[28] Kirnbauer, Das steinzeitliche Hornsteinbergwerk in Mauer bei Wien. Der Anschnitt **5/6** Bochum (1962).

[29] Kochanowski, Die letzte Entwicklung im Tagebau in den Vereinigten Staaten. Aufbereitungstechnik **4** (1962).

[30] Kopetschke, Ansprache anläßlich seiner Ehrenpromotion. Bergakademie **12** (1962).

[31] Krumrey, Schaufelradbagger mit gekuppeltem Bandabsetzer zur Abraumgewinnung und Direktverkippung. Fördern und Heben **10** (1961).

[32] Kühn, Braunkohlentagebau in Rußland. Braunkohle, Wärme und Energie **3** (1962).

[33] Lokvenc, Neue Großgerätetypen für Tagebaue im nordböhmischen Braunkohlenbergbau. Uhli **12** (1961).

[34] Matschak/Leibiger, Die neue Streckenvortriebsmaschine und ihre bisherigen Leistungsergebnisse im Entwässerungsbetrieb des Braunkohlenbergbaus. Freiberger Forsch.-H. A 222 (1961).

[35] Melnikow, Über den weiteren Fortschritt der Tagebautechnik. Gorny Shurnal **10** (1954).

[36] Melnikow, Entwicklungswege der Kohlengewinnung im Tagebauverfahren. Ugol **3** (1959).

[37] Melnikow, Entwicklungsaussichten der Kohlengewinnung im Tagebauverfahren. Ugol **10** (1961).

[38] Misernizki u. a., Tagebaubetrieb auf Blei-Zinkerzvorkommen. Gorny Shurnal **10** (1958).

[39] Nowosbilow u. a., Über die Wahl neuer Abraumgeräte für den Tagebaubetrieb im Manganerzbecken Nikopol. Gorny Shurnal **11** (1959).

[40] Ostrouchow u. a., Grundaufschluß von Tagebauen bei Verzicht auf Haupteinschnitte und Einsatz neuer Abraumgeräte. Gorny Journal **11** (1961).

[41] Raack, Der Braunkohlenbergbau in der Bundesrepublik. Jahrbuch des deutschen Bergbaus 1962.

[42] Redaktion der Zeitschrift ,,Ugol'', Die Weiterentwicklung und Verbesserung der Kohlengewinnung im Tagebauverfahren. Ugol **7** (1959).

[43] Rshewski, Zu neuen Erfolgen bei wissenschaftlichen Untersuchungen der Projektierung von Tagebaubetrieben. Gorny Journal **7** (1962).

[44] Schanko, Der Tagebau des Aufbereitungskombinates Kowdor. Gorny Journal **4** (1961).

[45] Schwan, Entwicklung und Bedeutung der Braunkohlenindustrie. Braunkohle, Wärme und Energie (1965) Monographie.

[46] Skwortschewsky, Die Verbesserung der technisch-wirtschaftlichen Kennziffern in der Kounrader Kupfergrube. Gorny Shurnal **3** (1957).

[47] Slessarew u a., Der Übergang auf Tagebaubetrieb durch die Erzverwaltung Tula als Rückhalt zur Steigerung der Erzgewinnung. Gorny Shurnal **10** (1954).

[48] Sokolowsky u. a., Mehr Aufmerksamkeit der Entwicklung des Tagebauverfahrens im Kusnezker Kohlenbecken. Ugol **10** (1958).

[49] Staszewski, Probleme des Braunkohlenbergbaus in der Volksrepublik Polen. Die Technik **2** (1959).

[50] Trachmann u. a., Die Herabminderung des Arbeitsaufwandes im Kohlentagebau und die entsprechenden technischen Möglichkeiten. Mechanisierung **8** (1956).

[51] Tschedrin, Entwicklungsaussichten des Kohlenbergbaues in Ostsibirien. Ugol **2** (1958).

[52] Wächter, Untersuchungen und Ergebnisse für den Einsatz einer Abraum-Förderbrücken-Anlage für größte Leistungen für 45 m Abtragshöhe. Freiberger Forsch.-H. A 188 (1961).

[53] Waritsch, Grundsätzliche Entwicklungsrichtungen der Technik der Erzgewinnung und Erzaufbereitung. Gorny Shurnal **2** (1962).

[54] Wysozki, Die Grundlage der Erzbasis des Aufbereitungskombinates von Sokolow-Sarbai. Gorny Shurnal **10** (1956).

[55] Zika/Baumgartner, Erzbergbau und Eisenerzaufbereitung in den USA. Österreichisches Produktivitätszentrum, Wien 1953.

[56] Zika, Bingham Canyon — ein amerikanischer Großtagebau. Montanrundschau **2** (1954).

SCHRIFTENREIHE DES PRAKTISCHEN GEOLOGEN

Herausgegeben im Auftrage der Staatlichen Geologischen Kommission
und der Zentralen Vorratskommission für mineralische Rohstoffe
der Deutschen Demokratischen Republik
von F. Stammberger, E. Kautzsch und G. Tischendorf

Band III

RUDOLF MEINHOLD

ERDÖLGEOLOGIE

Abriß und Perspektive der Entwicklung

239 Seiten — 95 Abbildungen, davon 1 als Falttafel — 20 Tabellen — Halblederin 25,50 DM

Der Verfasser gibt auf knappem Raum in leicht verständlicher Form eine Einführung in die Erdölgeologie, in ihre Zusammenhänge und Probleme. Er behandelt u. a. die Geschichte der Erdölindustrie, den Inhalt und die Eigenschaften der Lagerstätten, die Theorien über die Entstehung von Erdöl und Erdgas sowie die Beziehungen der Erdöllagerstätten zum Bau der Erdkruste. Die Erkundung und Bearbeitung der Bohrergebnisse einschließlich der geophysikalischen Bohrlochmessungen bleiben hierbei unberücksichtigt, weil sie Gegenstand der folgenden Bände der Schriftenreihe sein werden.

Bestellungen durch eine Buchhandlung erbeten

AKADEMIE-VERLAG · BERLIN

Bei Fragen zur Produktsicherheit wenden Sie sich bitte an:
If you have any questions regarding product safety,
please contact:

Walter de Gruyter GmbH
Genthiner Straße 13
10785 Berlin
productsafety@degruyterbrill.com